目次

關於封面

富澤恭子製作用柿染的包包。
到他的工作室拜訪時，
一台工業用裁縫機旁邊的針山
吸引了日置武晴的目光。
配合絕妙的珠針，
拍出了既愉快又美麗的照片。
鮮少出現如此色彩強烈的封面，
好像可以為缺乏顏色的冬天，
增添些許繽紛。

特集 小嶋亞創一家的日日生活

在院子裡拍下家族紀念合照，右起長女朱帆（9歲）、妻子早織、抱著的是8個月大的老么宇里。長男萬李（6歲），小嶋亞創揹著的是老三胡彌（4歲）。胡彌這天因為感染流行性腮腺炎而發燒，心情不太好。

信濃、安曇野的最北方有個叫做大町的城市。
這裡為人所知的原因
是有著「黑部水壩」（又名黑四水壩）的城市，
住在山間戶數僅13戶的小聚落中，
對小嶋家來說這是和觀光客或觀光地無法連接關係的。
自行改造已經蓋了
不知一百五十年還是二百年的老房子，
在田裡種稻、種菜，
過著大致上自給自足的生活。
有著陶藝家頭銜的小嶋亞創，
每天的時間分配為陶藝、務農、日常工作各三分之一，
所有事情幾乎都像這樣親自執行。
與溫和、單純的妻子早織過著
一起被開朗健康的四個孩子圍繞的生活，
彷彿《大草原之家》中的蘿拉一家。
看到他們一家人自然、無添加又生氣勃勃的模樣，
不禁讓人重新思考
「『幸福』到底是什麼？」

文—高橋良枝　攝影—日置武晴　翻譯—李韻柔

照片所見範圍幾乎都是小嶋家，最後面的藍色屋頂是他們的居住場所，左邊紅色屋頂的房子是陶器藝廊「胡座市」。右方那些房子有的是雞舍，有的是燒陶窯子。中間的溫室裡種植番茄和羅勒等蔬果，照片最左邊的大樹是此地觀音堂裡，樹齡200年的枝垂櫻。

農地作業也是全家人一起迅速進行

結實纍纍的綠米即將收成。

將割下的綠米晾曬在日照良好的田邊柵欄上，親子三人不一會兒就弄好了。

「這二年左右終於能收成足夠家人一年食用的稻米量，但還不夠，農地作業還是要每日檢討。」

相較於講話聲音中氣十足的小嶋亞創，早織溫柔的說：「夏天的話，早上4點起床，在太陽昇起前到田裡除草，但晚上就和孩子們一起睡覺了。」

因為使用有機肥料又不用農藥，只要一不注意，田地就會被雜草覆蓋了。

小嶋亞創不知道為什麼從小就覺得「只要有地，把作物的種子一撒就可以生活了」，而如今就過著自己想像那樣的生活。我們造訪的晚秋時期，正是「旱田作業的最後收尾期，幾乎所有的收成都已結束，要開始為春天做準備了」。

稻田收成完畢，最後批次的番薯和綠米（日系糯性米）也在中午前完成收成。還在流行性腮腺炎恢復期、向學校請病假的長女朱帆也來幫忙，爸爸、媽媽從土裡挖出來的番薯，不需交代就自行搬上單輪推車上排好，還會使用鐮刀割稻的樣子也讓人感動。

9月底可以挖出來的番薯，是6月結束前所種下的。整理蔓生的藤蔓之後就可以挖番薯了。

把割下來的稻桿綁成束，放在柵欄邊。

熟練地拿著鐮刀割稻的朱帆。

挖出來的番薯乾燥一個禮拜後會變好吃，所以就堆在小屋裡。

按照朱帆自己的規則排列的番薯。

明明沒收到任何指示就自己去幫忙的朱帆，挖番薯似乎是大家都喜歡的農地作業。

剛收成的南瓜隨意堆著。

把小番茄塞進嘴裡的胡彌。

旱田裡種了空心菜、野澤菜、胡蘿蔔、茼蒿、蔥、蒟蒻等20種蔬菜。

揹著宇里摘羅勒，發燒的胡彌也來參加，製作成羅勒醬後保存。

裡頭有蜜蜂的窩，「胡座市」也有賣蜂蜜。

羽毛黑白混色的美麗雞隻是肉和蛋都高品質的種類「岡崎王範」（岡崎おうはん）。

每天都有很多的蛋。

雞舍當然也是小嶋亞創自己蓋的，飼料則是玉米或自家種的舊米（收成一年以上的米）。

給爸爸看剛剛採下的小葫蘆，朱帆摸摸爸爸的頭。

精神奕奕的萬李，眼神充滿好奇的光芒。

從這個聚落去上學的小孩有三個，朱帆休息的這天，媽媽去接萬李回家。「因為有熊出沒，沒辦法讓他一個人回家。」

在陽台鞦韆上陪宇里和胡彌玩的小嶋亞創，短暫的休息。

爬上心愛大樹的萬李（右）
抱著大葫蘆（左）

每天的生活 都像是遊戲

小嶋亞創真的忙個不停，「在冬天來臨前不蓋好的話……」想到車庫的屋頂還在施工，就拿起個大桶子裝水，走向雞舍了。挖番薯、收割綠米，之後還是不得閒的小嶋亞創。因為在大自然中開心的忙碌著，不禁有著一切看起來都像是遊戲的錯覺。

讓人聯想到森林中強悍、動作敏捷動物的小嶋亞創，9月8日剛滿33歲。長他7歲的妻子早織，是個大度、笑容溫暖的溫柔媽媽。上田男子亞創和大阪女子早織，二人是在上田市的啟智教養院當志工認識的，於11年前結婚。

「長男萬李是第一個得到（流行性腮腺炎），接著是長女朱帆，現在連次女胡彌也中獎了……」

萬李已經恢復健康回到學校，朱帆也退燒了但還在回復期，請病假中。雖然沒去學校，但她沒有躺著，也不是待在家裡看電視，而是自己跑來幫忙挖番薯和割稻子，母親只要開始準備煮飯，就自然的跑去廚房幫忙，看不出這女孩兒才9歲就展現出她長女的樣子。

車庫的屋頂也是今天預定完成的工作。

預熱完成，把麵包放進烤箱，酵母也是自己做的。

放進烤箱前的麵包，麵粉有一半是自家生產的。早織說：「幾乎是全麥麵粉。」

不知何時出現的萬李說著「好想吃哦！」把麵包重新排列。

烤好的法國麵包、土司和圓麵包，吃起來充滿小麥味又紮實！

烤完麵包，用還熱著的炭火繼續烤挖出來的番薯。

用鑽孔機在採下的巨大葫蘆上開洞，灌入砂土讓裡面腐化、空洞。

用炭爐玩火（？）的朱帆。

陶藝工房前的炭爐，用小嶋亞創的說法就是「玩火用的」。

挖出種子，一個個取出紅色的果肉，進行精密（？）作業。

萬李專心的在做什麼？原來是把紅色的果實剝開。

院子裡成熟的柿子。

已經退燒但還懶懶的胡彌，像修行僧一樣盤著腿，盯著漫畫書，門外面是大鐵桶做的燻製機。

屋簷下擺動著的布尿布。

生活上需要的，就做吧！

小嶋亞創和早織從來不會對小孩說「去做那個」或是「這樣不行」，拜訪他們的那二日，包括命令、指示和責罵的聲音，一次也沒聽到過，令人感動到驚訝。

早織揹著宇里做這個、做那個的，農忙後使用田裡的菜做各種小菜，還用院子裡的炭火烤箱烤麵包，一週使用二次的這個鐵製烤箱也是小嶋亞創的作品。

縱向連結二個大鐵桶做成「燻製機」，陽台和飯廳的桌腳，仔細看也能看出是大鐵桶。塗上藍色和黃色的點點，可愛到讓人想像不出原來的樣子。

飯廳暖爐上方的黑板上用白色粉筆寫著今日的工作重點，「成形、花園的洋蔥、添柴、蓋車庫」，工作確實是三等份。

幾乎完全自給自足，如同自己所說的，比起信念或主義主張，這就是人類自然的生活。一切都很自然沒有任何勉強，彷彿《大草原之家》的生活和家庭，日本也看得到。

放著蛋盒與紅酒瓶的架子。

廚房的牆壁上掛著各式各樣的廚房用具。

在起居間與餐廳中間的薪柴火爐。冬天幾乎都要靠這個火爐取暖。

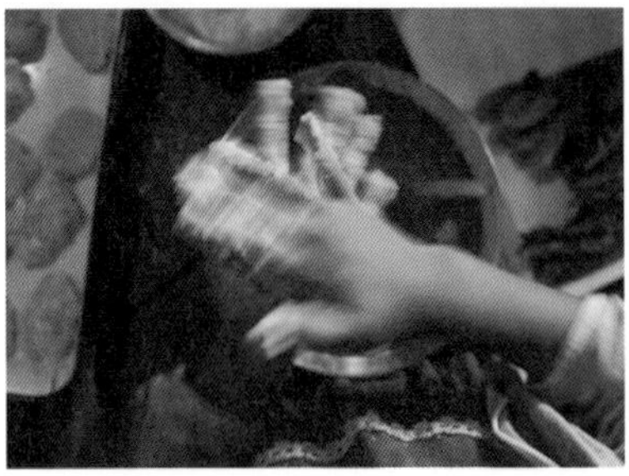

熟練得不像小學三年級。

將馬鈴薯泥塑形。

幫忙準備料理的朱帆。

揹著宇里準備午餐。

琺瑯鑄鐵鍋中的椰奶燉南瓜。

汆燙後的茼蒿、長蒴黃麻和大苛菜。

除了調味料，青菜和蛋全是自家產製的豐盛午飯。

每日產量豐富的自家雞蛋，做成水煮蛋後也端上桌。

用小嶋亞創特製的大陶鍋裝毛豆拌飯，大豆和米也是自己種的。

從外面回來的小嶋亞創也自然的開始當餐桌小幫手。

全家人一起吃飯，因為上午都在田裡工作，大家的肚子都咕嚕咕嚕叫。

胡彌一個人在客聽吃粥。

像個小媽媽的朱帆。

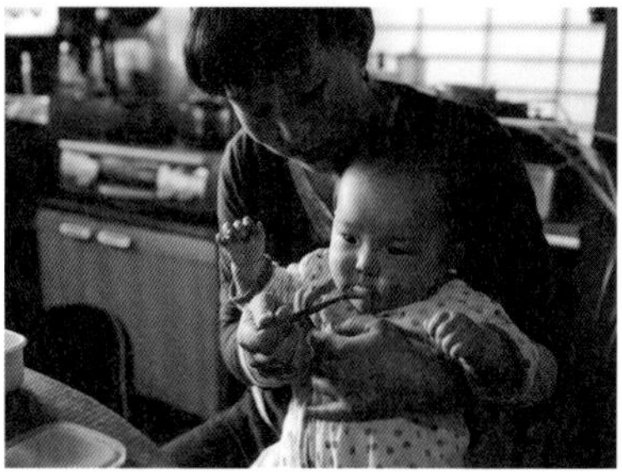

主食母乳的宇里也和大家一起吃飯。

自我風格的陶藝，師承書籍

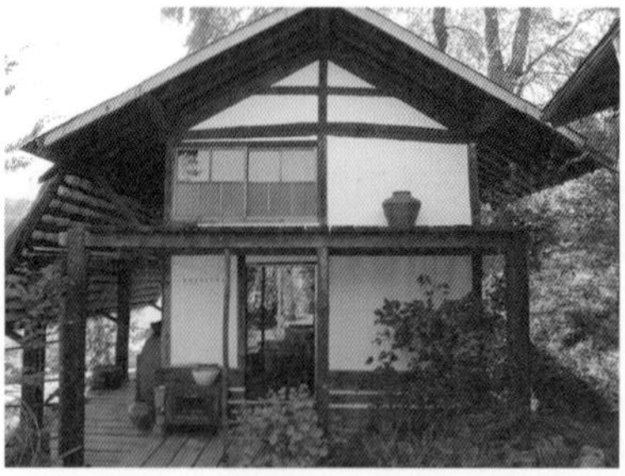

取名「胡座市」的藝廊是一開始居住的地方，後來改建。

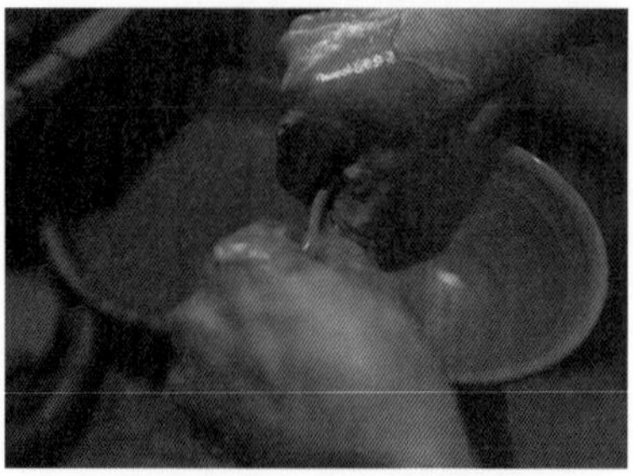

從「動」的小嶋亞創進入「靜」的製陶時間，自家範圍內的三個窯也全是自己造的。

務農和陪伴家人時看不到的陶藝家側臉。

工作室裡放的是搖滾樂，只有這個時候才讓人感受到他是33歲。

「因為30年左右又是空屋，雖然有屋頂，內部可不得了。」

搬進這個和荒廢屋子沒二樣的房子是7年前的4月，原先在離這裡有些距離，現在的藝廊「胡作室」生活，並從地基開始重建，到了9月終於可以搬進來生活了。

不管是陶藝或是造窯，都不是拜師學習，而是一個人摸索，「不懂的就看書」。

4年前和2年前，二次帶著三個孩子巡迴亞洲各國，衝擊了小嶋亞創的陶藝魂。

「胡彌才2歲，揹著她投宿便宜的旅館。他每天都會繞一繞當地的窯場，是一次還滿累的旅行。」

儘管如此，早織還是悠悠的說著。2011年春天，在川越「器物筆記」舉辦的個展中，作品就散發出濃濃的亞洲氣息。

「雖然看起來亂糟糟的，卻有著某種統一感，希望能達成這個目標。」

不論素燒（不上釉彩）或灰釉（以天然植物灰調成釉料），在三島風中加上亞洲氣息的繪畫等，作品涉獵範圍極廣，感覺不到特殊堅持或抑鬱，非常自由。

藝廊是二層樓的建築，上下二層都放滿了小嶋亞創的作品。

器之履歷書❾

三谷龍二（木工設計師）

壁掛時鐘

文・攝影—三谷龍二　翻譯—王淑儀

壁掛時鐘　大　直徑21公分
　　　　　小　直徑12公分
材質→均為櫻木（小的是家中使用的私物）

掛在櫃子旁邊的小壁掛時鐘。

我記得第一次製作時鐘應該是在1985年。那時我不像現在主要製作器皿，而是做些小裝飾品維生。不過就算製作的是裝飾品，我也一直思考著有一天可以做些可長時間使用的生活品。

只是對我而言，就算是主張具實用性，主要是能夠讓人去感受房間裡的氛圍、感覺到每天生活中的風或光線等等，與某種自然有所關連的實用品。這一點，時鐘因為從一個小時到數百年、從我們生活的時間擴大到無限恆久的時光、宇宙生成的那一刻都有關係，因此讓我感到很有趣。

此外，我會想要做時鐘的另一個理由是「文字」。我從以前就喜歡字體，因此一直在想，我所從事的木雕工作之中，有沒有什麼是可以應用到雕刻文字的地方呢？而不論是手錶還是掛在牆上的鐘，只是一個簡單的白色底盤排上1～12的數字，那畫面就算不實用也很美，也因此讓我想到要做木時鐘。

因為上述理由，我不太喜歡那個只在12的位置上有一個圓點即成的時鐘，總覺得那是一種過度的設計，並無益於使用者判讀時間。

那個時候我還做音樂盒、照明器具等等。音樂盒是聲音的世界，照明器具則與光有關係，這麼說來，器皿亦是與料理、餐桌上的景色相結合，這點其實也是在同一條脈絡上。

建築家吉村順三曾在他的書中提到照明器具相關的話題，他說：「現在很多年輕人都投入照明器具的設計，然而他們設計的是器具而非光線，因此無法打動人心，還是得要設計光線才對。」他的想法應該是所謂的（燈光）設計並不是只做形體，為了打出好的光，有時要抹消（燈具）本身的存在。

壁掛時鐘我只以一些無垢的木材如櫻木、橡木、核桃木等來製作，如此一來在壞掉的時候，會消耗的只有機械部分，令我安心。木紋可以直接說是木板的狀況，像這個時鐘這樣中心膨脹起來，木紋就會被切斷，看起就有如等高線般。

做時鐘會讓我覺得有趣的點是只要有個板狀的東西，挖個1公分左右的小洞，都能夠做成一個時鐘。開個洞，從裡面將機械的部分固定住，某種程度上都可以是時鐘。比方說我拿了Bon Curry（譯註：日本速食咖哩包品名）的鐵製廣告招牌來做時鐘，也用過陶板挖了洞放進機械時針即做成一個時鐘。只要可以換電池，房子裡的牆壁也能夠用來做時鐘（雖然實際上這麼有趣的使用方法我還沒有試過）。

我做的壁掛時鐘有兩種尺寸，都可以用掛勾釘在牆上使用。大的那個即使站得遠也能輕易看見上面的數字，具有讀取性，一般場所都適用。因為上面的數字是木頭雕刻，從窗外照進來的光線打在上面，會讓數字看起來很立體。

小的這個時鐘掛在房子裡不會顯得突兀，高度與眼睛相近，也不會因為太小而不易讀取時間。將它掛在廚房的一角、桌子上方與小張的明星海報一起裝飾牆面，這樣有點不單只是時鐘的用法，我覺得也滿有趣的。

「le risa」位於面對櫸木行道樹的大樓一樓，是一家可愛的小店。內山智子在短大取得營養師的資格，OL時代也曾在點心教室和食物造型學校上課。右圖的點心是「le risa」的人氣點心「檸檬蛋糕」。檸檬的香氣非常溫和。

今年的聖誕節 來做水果蛋糕

日本的聖誕節蛋糕
不知道為什麼是裝飾蛋糕。
歐洲的家庭，
似乎會為了聖誕節
準備常溫蛋糕。
今年的聖誕節，
好想來烤個水果蛋糕！
特別使用無添加的材料，
製作常溫蛋糕來販售的
「le risa」蛋糕店的內山智子
在本期教大家製作水果蛋糕。

文—高橋良枝　攝影—木村拓
造型設計—久保百合子　翻譯—王筱玲

在東京神樂坂與早稻田附近面對著櫸木林道的地方，有一家名為「le risa」的可愛蛋糕店。對使用材料很講究的店主內山智子，在這家店只賣自己一個人做得來的份量，所以是一家下午太晚去的時候，幾乎所有的點心都賣光的人氣常溫蛋糕店。

內山智子的點心不加添加物，以精選的材料用心製作。特別是不使用泡打粉這點更是一大特徵。

「以蛋為主角，打發後再和其他材料攪拌。因為不使用泡打粉，為了讓蛋能夠打發就要費很大的力氣，才能讓材料不會變得太硬，而做出鬆軟的口感。」

不使用泡打粉這種膨鬆劑，就得稍微要花多點時間才能要將蛋與奶油打發。而所有的原因就在於攪拌了數十次之後能讓其中充滿空氣。

內山智子一直懷抱著想要從事與餐飲相關工作的夢想。似乎是因為在她曾住過的義大利拿坡里寄宿家庭的媽媽所做的料理與點心，為之後的她所帶來的影響。

「le risa」的餅乾們。依季節的不同，會替換數量與種類，但溫和的美味卻不會改變。

內山智子做的水果蛋糕

這是用蘭姆酒浸泡出香氣濃郁的水果乾，與蛋、奶油搭配做出的溫和水果蛋糕。一放入口中，軟綿且纖細入口即化的口感，是在內山智子的講究下所做出來的。

「le risa」的水果蛋糕是用日本國產的有機麵粉、精挑細選的奶油和雞蛋做成的。

為了將所有的食材特質展現出來，而溫柔仔細地做出的水果蛋糕，一邊凸顯各種食材的美味之處，同時讓蛋糕在口中融合出完美的和諧。

材料（右上起）水、砂糖、蘭姆酒（以上為製作糖漿用），核桃、櫻桃乾、藍姆葡萄乾、水果乾、奶油、肉桂粉、砂糖、黑糖、雞蛋、低筋麵粉。

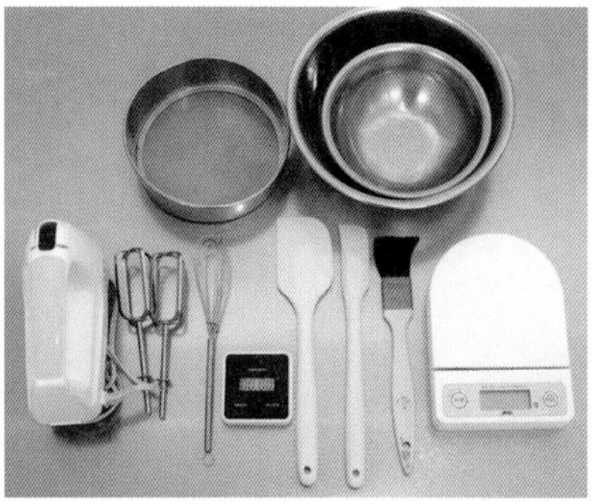

工具（右上起）料理盆、料理秤、毛刷、橡皮刮刀、計時器、打泡器、攪拌器、粉篩。

材料（17×7×7cm的磅蛋糕模型1個份量）

- 低筋麵粉……100g
- 肉桂粉……2g
- 黑糖（粉末）……40g
- 砂糖（有機砂糖或細砂糖）……30g
- 雞蛋（敲開後秤量）……80g
- 奶油（不含鹽）……100g
- 核桃……20g
- 藍姆葡萄乾（以葡萄乾100對蘭姆酒20的比例浸漬3天以上）……80g
- 櫻桃乾（藍莓乾也可以）……20g
- 糖漿
  - 砂糖……25g
  - 水……45g
  - 蘭姆酒……15g

準備

將奶油與雞蛋置於室溫中。

將襯紙（或烘焙紙）放入模型。預熱烤箱。

1
將水果乾與櫻桃乾水分濾乾稍微燙一下，與切碎的核桃和葡萄乾一起混合攪拌。

2
將低筋麵粉與肉桂粉過篩在料理盆中。讓材料散佈均勻後，充分混合攪拌。

3
砂糖與黑糖也過篩，讓顆粒大小一致，攪拌均勻。

4
將置放於室溫中的奶油加入料理盆裡，用橡膠刮刀稍微拌出彈性後，加入③的砂糖。

5
用橡膠刮刀將奶油與砂糖充分攪拌。手持式攪拌器設定中速5分鐘，充分攪拌直到出現白色奶油狀的程度。

6
雞蛋分四次加入。每次加入蛋的時間約間隔2分～2分半鐘，再以中速的手持攪拌器打出起泡。

7
如果出現室溫較高，麵糊不容易成形的情況，請將料理盆泡在冰水中，冷卻後將冰塊移除就可以打發了。

8
一邊轉著料理盆，讓所有麵團都含入空氣般，完全打出泡泡。中途將料理盆與攪拌器換成相反方向。

9
攪拌至包含了空氣的白色鬆軟狀態。打發到這種程度才是標準。而且可以看出份量比打發前增加了。

10
再次加入②的低筋麵粉，然後用橡皮刮刀以切的方式攪拌麵團。輕輕地攪拌到看不見粉的狀態。

11
在麵團看不見粉的狀態後，再攪拌大約30次。這麼做可以讓麵團充分富含空氣。

12
加入①的水果乾。

13
在用橡膠刮刀攪拌30～40次。富含了空氣的麵團，會呈現出光澤與蓬鬆感。

14
用橡膠刮刀將麵團舀進鋪上襯紙的模型裡，維持鬆軟的狀態。不要讓麵團裡的空氣跑掉，輕輕的舀。

15
模型裡放入大約七分滿的麵團後，拿起模型在桌上敲大約3下，讓麵團沈澱，使多餘的空氣排出。

16
為了讓中間容易膨脹，將麵團兩端稍微隆起，中間的部分微微下凹。

17
為了防止直接被烤箱的風吹乾，整個模型用鋁箔紙包起來。如果是不會產生風的烤箱則不需要這個步驟。

18
將裝了水的料理盆一起放入烤箱，用170度烤25分鐘，然後將鋁箔紙移除後再以160度烤35～40分，充分烘烤。

19
將做糖漿用的砂糖與水裝入耐熱的器皿中，用微波爐（500w）加熱5分鐘。呈現濃稠狀後，加入蘭姆酒。

20 烤好的水果蛋糕。放在烤架上讓餘熱冷卻。

21

餘熱散去後，將蛋糕從模型中取出。用毛刷在表面刷上大量糖漿。因為已經放涼了，用保鮮膜包起來密封，放進冰箱3天至一週，使其熟成。

料理家細川亞衣的私房食譜⑳

熊本的日日料理

即使是一樣的蔬菜，因為氣候、土壤與水的不同，也會產生微妙的差異。蓮藕在加賀、茨城以及熊本等地方，味道與口感有著微妙的差異。熊本雖然以辣椒蓮藕這道菜聞名，但這次細川亞衣的蓮藕料理，要做的是一道也很適合當作聖誕節雞肉大餐的蓮藕雞。

料理・擺盤─細川亞衣
攝影─日置武晴　翻譯─王筱玲

提到熊本的蓮藕，就會讓人想到辣椒蓮藕。到了這裡之後才知道這是一道深受當地人喜愛、炸過之後的美味甚至可以當作正月的料理之一。

我嫁來這裡的第一個正月，唯一被要求的一道料理就是這道菜，那個在彷彿要凍結般的晨光中，摘取為了上色用的梔子花的早晨讓我難以忘懷。我想今年用一樣的蓮藕來做聖誕節的雞肉大餐應該也不錯吧！

■材料（4人份）

全雞	小一隻（約1.5kg）
蓮藕	中兩節（約400g）
大蒜	1片
洋蔥	1個
香草（月桂葉、鼠尾草等）	適量
黑胡椒	適量
初榨橄欖油	適量
粗鹽	適量

■作法

雞肉用流動的水沖洗乾淨，去除沾血部分與油脂後，拭乾水分。

以大量的粗鹽抹在整隻雞上。

在比雞肉大一圈的鍋子裡，加入磨好的蓮藕、去皮後切半的大蒜與洋蔥、香草，抓一小把黑胡椒、沿鍋邊倒一圈橄欖油，加水煮沸。

加入雞肉後，蓋上鍋蓋。為了要讓雞肉稍微浸到湯汁，可以增減水的份量。

煮到起泡後，轉小火，邊去除雜渣，煮約1小時。

調整鹹味，將湯汁與雞肉呈盤，淋上初榨橄欖油，磨上大量黑胡椒。

在熊本開始料理教室的授課。
詳情請參考網站：
http://aihosokawa.jugem.jp

蓮藕雞

柬埔寨
格羅麻布料的
魅力與穿搭術

所謂的格羅麻，
是柬埔寨在日常生活中使用的萬用布料。
為了推廣這種充滿原創性的樂趣，
三個女子在4年前，
合組了一個叫「"krama" knyong」的團體，
自行開發商品販售。
成員分別是中村夏實與江波戶玲子、
以及森田若菜。
為了想了解格羅麻的穿搭魅力，
我們在夏天尾聲，
造訪了她們位於葉山的工作室「HOUSE1891」。

文—高橋良枝　攝影—日置武晴　翻譯—褚炫初

「HOUSE1891」

「在柬埔寨，格羅麻（krama）就像手拭巾或風呂敷（譯註：手拭巾與風呂敷均為日本傳統用來包裝或做成包袱等多用途的方巾）一樣，在生活中非常實用」。

我們請教的三個人，都用格羅麻穿出很棒的穿搭。

「大尺寸的長方形，可以像衣服一樣的裹住全身；把光溜溜的小嬰兒放在格羅麻上，可以綁成日本古早小朋友穿的圍兜兜。」

出門時綁頭上，回家時解下來包青菜什麼的、斜披在身上，就能把寶寶放進去當成揹袋、可以繞成一件裙子，甚至拿來當手帕擦汗，用途自由自在。

「布疋的文化五花八門，能在日常生活中將一塊布善加利用至此，非常難得。」

當地原產的格羅麻顏色有紅有白、有綠有紫，色彩圖案大多鮮明醒目。

「在強烈的日照下，真的很適合柬埔寨人。」

"karma" knyong的原創商品，都是在她們親自使用以後，無論顏色與花色的組合、長與寬、全部以好用好搭為前提而特別訂製的大小與圖案。

「HOUSE 1891」僅開放每月初的五天左右。這天正在進行確認商品與貼標價等工作。

最普遍百搭的格子格羅麻。

櫃裡擺滿各式各樣顏色與質料的布。下面的照片是「tenohira-works」的鞋。(譯註：tenohira-works是小林志行創立的手工訂製鞋品牌，位於栃木縣)。左邊的照片為直線裁的上衣搭配像裙子般的格羅麻。

愛上格羅麻而展開的三人活動

江波戸玲子及中村夏實參與的非營利組織辦公室裡有塊格子布。那塊布正是格羅麻，她倆就是深受這布料的魅力吸引，才決定「我們來去柬埔寨吧」。同一時期，森田若菜也看了江波戸玲子手上的柬埔寨照片，成為格羅麻的粉絲，最後三個人結伴一起去了柬埔寨。

過去的柬埔寨有棉花田，架高的住家底下放著手工操作的紡織機，織布風氣非常盛行。然而漫長的內戰使得棉田荒廢，成了地雷的荒野。她們三個在支援柬埔寨婦女與兒童的NPO活動中，發現在那生產的布料本身所擁有的魅力，一致認為「若能將格羅麻特殊化並加以介紹，應該能為柬埔寨盡一點力」。於是在2007年8月底，開始進行「"krama" knyong」的活動。

她們租下來當成工作室的房子，是棟很普通的民宅。沒有借重專家，靠自己拆牆、粉刷而整理出來。然後在2010年5月開幕。庭院裡鋪上木頭棧道，連外牆都是自己糊的。

江波戸玲子
和服與腰帶用的都是柬埔寨布料。手裡拿的包袱也是格羅麻。

森田若菜
將一大條格羅麻繞起來綁在腰際當成裙子來穿。

中村夏實
一條鬆鬆的垂掛在肩上，另一條包了兩支葡萄酒瓶。

柬埔寨最常見的綁法，洗完澡或游泳後均可。

大尺寸的格羅麻可以包縛的容量很大。使用方法幾乎跟日本的風呂敷相同。

將大尺寸的格羅麻其中一端在脖子處打結，包住身體成為圍裙。右手的部分是口袋。

只要像圍巾一樣隨興繞在脖子上就好。比起絲巾或圍巾還要便宜，而且可以洗滌。

在手腕處打個結，就好像披肩一樣還可以阻隔日照。

典型的格羅麻打法，纏繞於腦後並繞回前額固定塞住。

披在肩頭的途中打個結，把兩個角繞到背後綁起來。既可為服裝增添焦點，亦有保暖的功效。

只要綁在腰際並於正面打個結，就可成為短裙或者圍裙。

連載　飛田和緒帶你做日本各地的料理❽

福島縣磐城市的地方料理

文—飛田和緒　攝影—廣瀨貴子
翻譯—王淑儀

魷魚乾拌紅蘿蔔絲

這個夏天，我從住在福島的磐城市的家人及朋友那裡學到這道地方料理。磐城市是福島縣裡靠海的地方，先前便聽說他們的料理常會用各式魚鮮，比如炸丁香魚、海膽飯等等，都很吸引我，然而很遺憾這次並沒有這些食材可用，只好就手邊有的來用，於是就拿這類似松前漬的魷魚乾及紅蘿蔔以醬油調味。

■材料（4人份）

魷魚乾……½片
紅蘿蔔……大的1根
醬油、味醂、酒……各¼杯
砂糖……1小匙

①將魷魚乾及紅蘿蔔切成同樣細長的絲狀。
②在鍋中倒入所有調味料攪拌均勻後煮沸。
③在保存容器中將①與②倒在一起，浸漬一晚即可食用。放冰箱冷藏約可保存一週左右。

干貝蔬菜湯

會津地方的湯品。以乾燥的干貝做為湯底是最大特徵。在婚慶的宴席上，會以會津漆碗盛裝上桌。裡面一定會放根菜類及蒟蒻絲。

■材料（4人份）

乾燥干貝……2、3顆
小芋頭……4顆
紅蘿蔔……1小根
香菇……2朵
木耳……2大朵
豆腐……½塊
蒟蒻絲……½包
鹽……½小匙
薄鹽醬油……少許

①將乾燥干貝以4杯水泡一晚。
②蔬菜切成容易食用的大小，蒟蒻絲先以熱水快速燙過之後，切成容易食用的長度。
③將①倒入鍋中開火煮沸後，加入②的食材一起煮。
④蔬菜煮軟之後，將切成一口大小的豆腐加進來，以鹽、醬油調味後即完成。

桃居・廣瀨一郎
此刻的關注㉔

探訪 富澤恭子的工作室

富澤恭子在有個中庭的集合住宅區裡的其中一室製作著柿染包包。
採訪這天雖然下著大雨，無法將布拿出來曬，然而這被稱作「太陽之染」的美麗布品卻依然散發著太陽的味道。

文—廣瀨一郎　攝影—日置武晴　翻譯—王淑儀

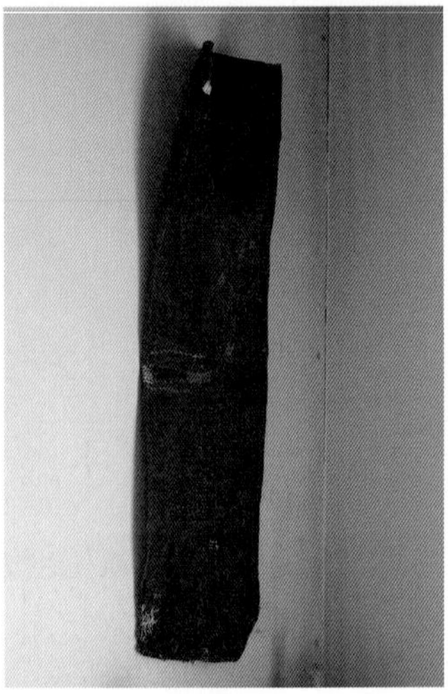

促使她認識柿染的酒袋。

即使是極厚的布也能縫製的工業用縫紉機。

每次將富澤恭子的包包拿在手上，手中傳來的那種令人愉悅的震動究竟是什麼？打從心底享受以雙手製作東西的人，他所製作之物蘊含的光明、溫暖、靜謐與謙虛融合起來又會醞釀出什麼來呢？

以及以此為出發點的自由感覺。這些包包都不是基於事先畫好的設計圖來剪裁製作，而是對著布，依照腦中浮現的想像裁下、縫合，在這個過程中，設計每一次都會自然生成。連使用的布都是她親自以柿汁染色，因此有各種成色與質感。一切都是手工製作，每次製作都是由當下的感覺牽引著，因而完成一個個獨一無二的包包。每個成品都有不同的表情，為人們帶來與工業製品不同的手感體驗與豐富度。

富澤會接觸柿染是因為來到位於西荻窪一間展售古董與現代工藝的藝廊Blik星，看到牆上掛著已多次修補的酒袋便是以柿染染色的。柿染是將尚未成熟的青色柿子搗破，榨取汁液後使其發酵、熟成製成的染劑來染布，它可以使布的纖維更加堅牢穩固，並有防水、防腐的功能。據說經過柿染的酒袋用來過濾酒，可使酒中的蛋白質沉澱，提高酒液的透明度。

以粗線條隨意縫製的手織木綿布已經過了

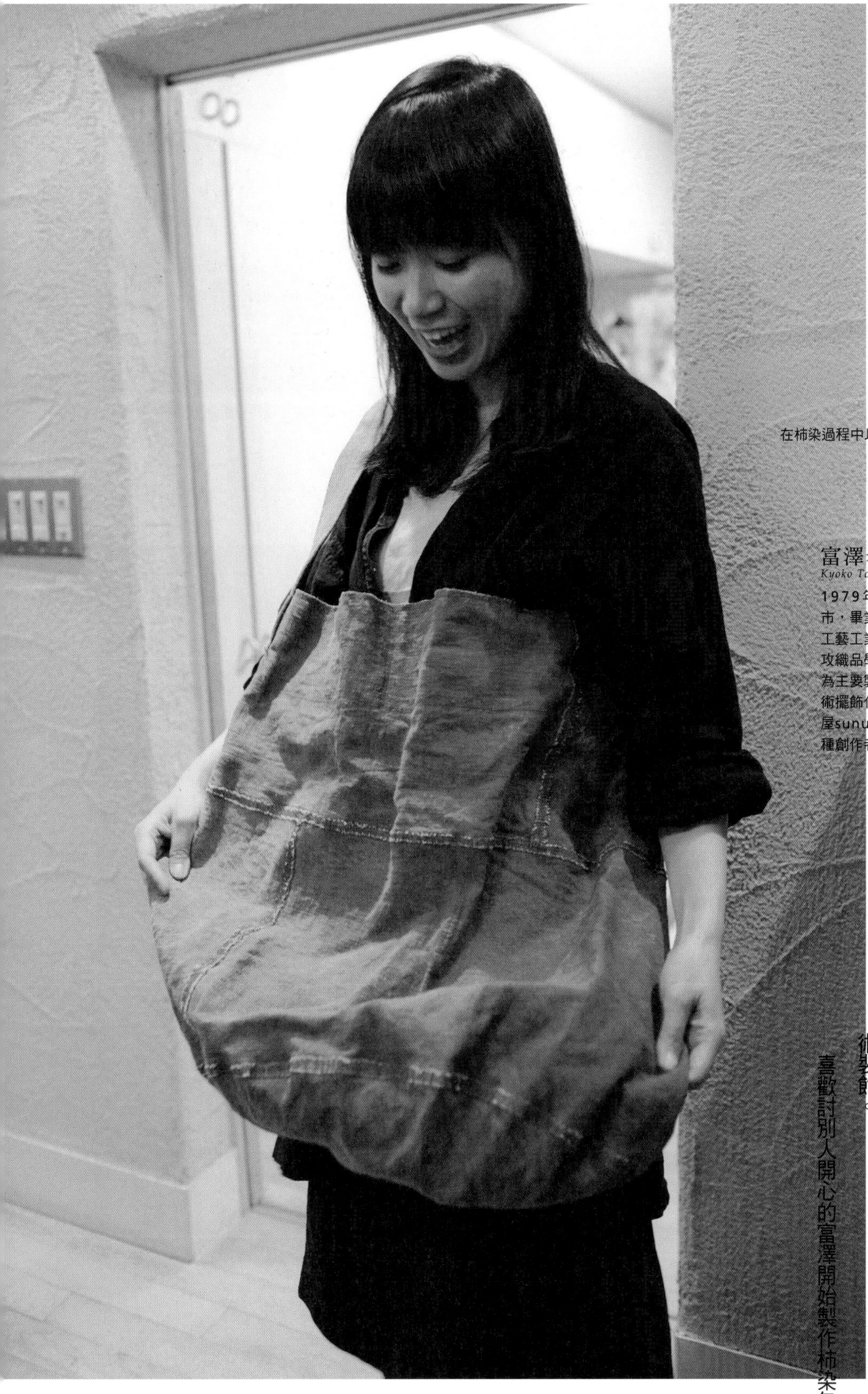

在柿染過程中以鈦為金屬媒染劑的包包。

富澤恭子
Kyoko Tomizawa

1979年生於埼玉縣所澤市，畢業於武藏野美術大學工藝工業設計學科研究所專攻織品學。目前以柿染包包為主要製作中心，也創作藝術擺飾作品，並以行動雜貨屋sunui四處參展。亦與各種創作者異業合作。

數十年的使用，布雖然還是布，但早已超越布的本身，改變為其他的樣貌。大學時代專攻染織的富澤對於天然染料完全沒有抵抗能力，研究所的畢業製作也是以柿染的和紙創作大型藝術裝飾。

喜歡討別人開心的富澤開始製作柿染包包。

世界各國的小東西、雜貨擺得像是小型博物館。正中間是俄羅斯老奶奶編織的手指人偶。

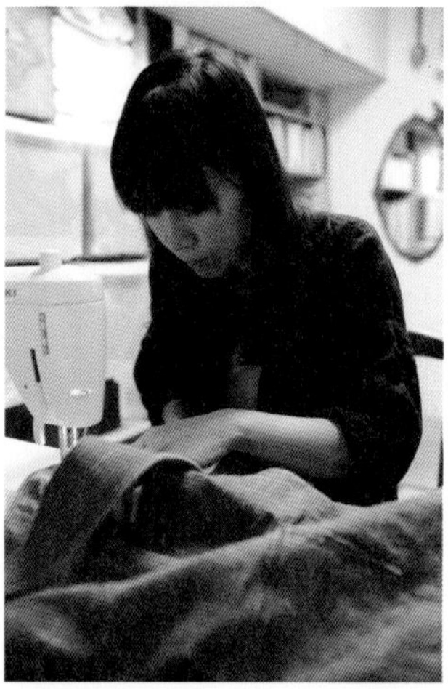

以東埔寨的格羅麻試做小口袋的富澤。

右／常放著展覽DM的袋子與鋪在椅子上的厚毯子（Gabbeh）。
中／縫紉機的周邊整齊收放著針線及可愛的小器具。
左／在古道具屋找到的琺瑯蒸煮鍋，拿來當做收納縫紉機零件的盒子。

所使用的布料是韓國出家人穿的墨染僧衣所用的厚棉布，因為喜歡那質樸的織法與硬挺的質感。經過柿染三到四次的染色過程，顏色會變得更深，質感也更加堅硬牢固。

柿染所帶來的樂趣最主要還是因季節、天氣而產生微妙不同的成色。夏天在強烈的日照下，布的色澤會變得較深濃；冬天溫暖柔和的日光則使得成色也帶著溫柔。在染布場裡撒下的陽光，即使是同一個季節亦有一點點的變化，有時更會發現不同的成色，因此我們也可以理解柿染之所以被稱為「太陽之染」的緣由。布是來自大地的恩賜，柿染則使得大地的恩賜千變萬化，不得不覺得選擇這樣可以讓我們親身感受到自然賜予萬物生命的工作實在是太幸福了。

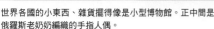

富澤新做好的包包拿在手上也許會覺得有些粗礪感，不是很舒服，然而使用過一、兩年之後就會慢慢變得柔軟、舒適像是身體的一部分。多少磨傷也不怕，富澤可以幫忙修補，我們來採訪的這天也看到有個已被徹底使用、握把有些破損的包包正等著修復。

「可以被用到這個程度其實還滿開心的，修理它會帶給我跟做一個新的包包時同樣的快

富澤恭子正為廣瀨一郎說明布會因不同的金屬媒染而產生不一樣的成色。

左圖是染色前的布。先用水洗過，再浸泡在柿子汁中，擰乾後拿去太陽下曬乾，如此步驟重覆多次之後再泡進媒染液（中間照片）裡。右圖是多餘的碎布，有的會拿來當作製作藝術作品的素材。

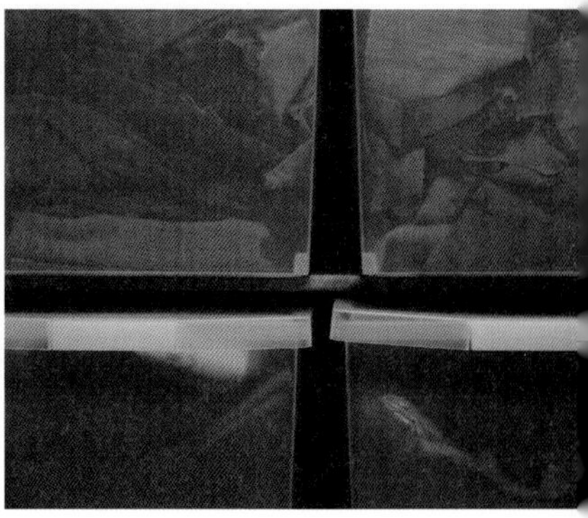

樂。常聽到人家說陶瓷器是需要養的，其實包包也一樣。」

養包包，嗯，真不錯。

非常喜歡動手做東西的人，開開心心做出來的包包，讓使用者開開心心地享受、徹底使用，用壞了再修好，又再回到另一個全新的日常繼續陪著走下去。

在職人高度的技術下，照著設計圖完美製作的包包當然也很好，然而那缺少了富澤的包包所有的灑脫與自在。它們一個個都藏有著自己的故事，在使用者長期相處下，其故事將被解讀並加進新的內容，所謂的養包包大概就是這麼一回事吧！

最近，富澤寄了展覽會的邀請函給我，上面是她開設一間「旅行中的餐廳」虎斑貓彭彭的朋友畫的可愛插畫，並附上下面這一段話：

富澤小姐的包包很像砂漠中的大岩山
富澤小姐的包包很像非洲人的道具
富澤小姐的包包很像住在土地上的大型動物
富澤小姐的包包很像遊牧民族的圍巾

做著既像東方也像西方，無法歸納成哪一國菜的穀物蔬食料理，旅行中的料理人虎斑貓彭彭所用的包包，我一定要好好看一看。

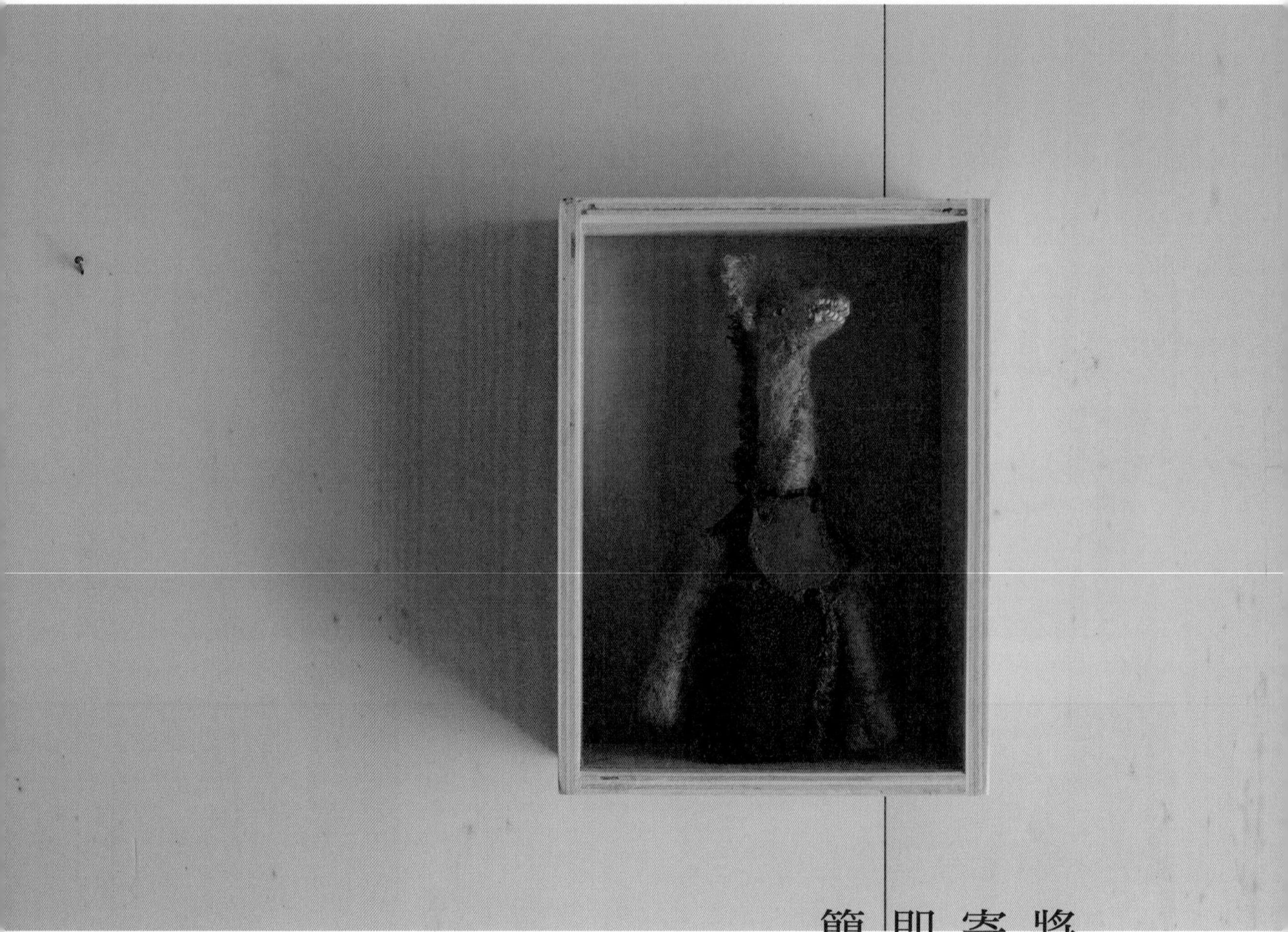

將異國記憶寄於一身的藝術擺飾及即興演出感十足的簡潔道具

富澤恭子在國高中時代有四年的時間是住在墨西哥，在那乾燥的土地上、乾燥的風中所認識的人或動物、顏色或味道的記憶，全都寄託於這個以羊毛、布、毛線、金屬零件所組成的造形作品上。現在除了製作包包之外，她一年也發表一次非實用性的藝術擺飾，只是不論面對的是什麼，那種純粹享受著製作樂趣的態度都是一樣的。

戴著鉛製項鍊的馬
■高19×寬14×深18cm
非賣品

柿染的布，在染製過程中為了使染料定著在布上，會加上金屬媒染劑。使用不同的金屬會產生不一樣的顏色，照片中從右邊開始分別是使用鈦、鐵、銅。不同濃淡的隨機組合之染布做出來的包包有即興演出感，表現出富澤的個性。除了物件本身之美，亦不失可作為經常使用之道具應有的簡潔感。

柿染包包
從右開始
■高9.5×直徑12cm
■長47×寬60×底面直徑40cm
■長35×寬45×底部15cm
■長35×寬58×底部15cm
（所有尺寸均不含手提的部分）

桃居
東京都港區西麻布2-25-13
☎+81-3-3797-4494
週日、週一、例假日公休
http://www.toukyo.com/
廣瀬一郎以個人審美觀選出當代創作者的作品，寬敞的店內空間讓展示品更顯出眾。

公文美和的攝影日記⑱

美味日日

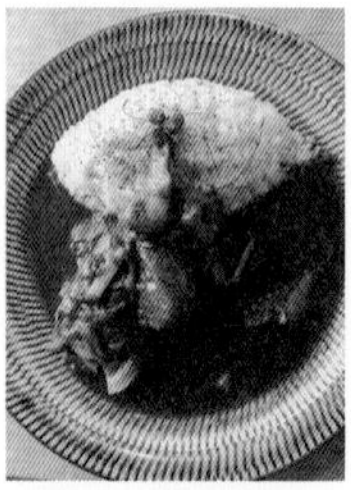
高知sittoroto的咖哩

車站的代言玩偶

無花果的糖漬水果

Baffone

韓國甜點

感恩的手做便當

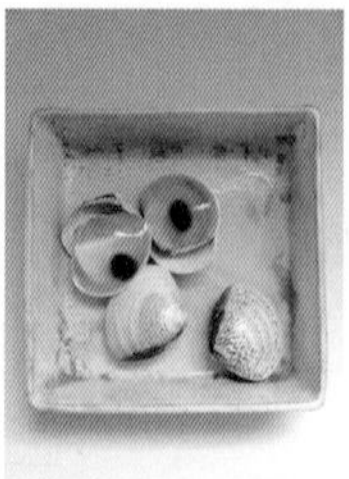
不可思議的和果子

2011 的香魚

奶油十足

兜風的良伴

下次來學一下吧

拍攝的午餐

高知的夏天

老是喝奶茶

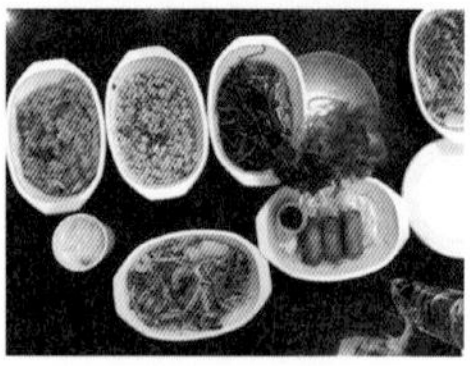
拍攝的晚餐

漂亮的店內

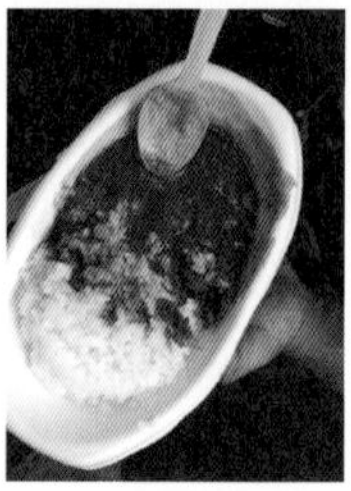
攤販的咖哩

山崎贈品的盤子

老家的午餐

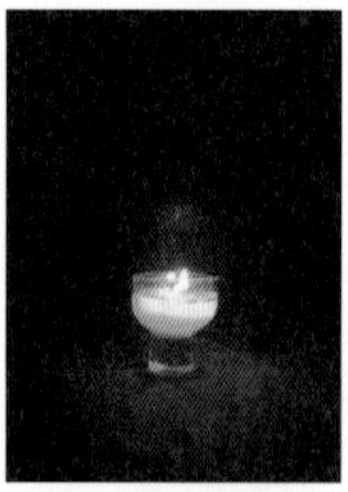
冥想，冥想

咖哩度很高

從苗場的纜車上拍

草屋敷的午餐

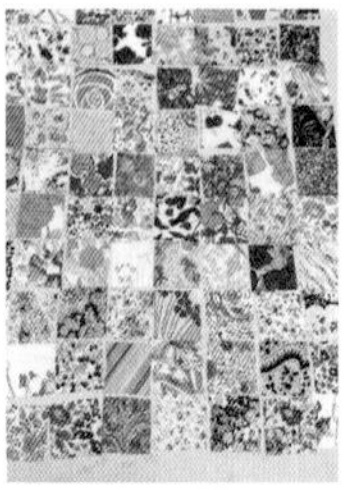
向媽媽要求來的

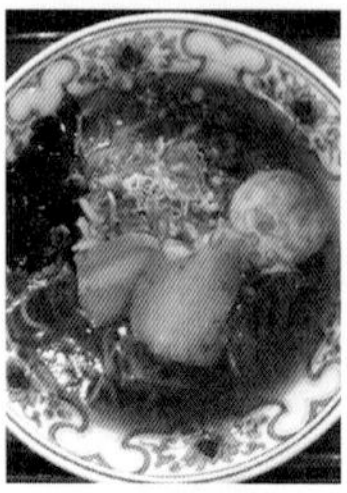
Bony的拉麵

桃子聖代

咖啡店的午餐

拼布的帳幕

拍攝的暫時休息

Pino的W巧克力

土佐和紙的濾紙

土佐山村

日本的山

來自工作室人員

愉快的散步

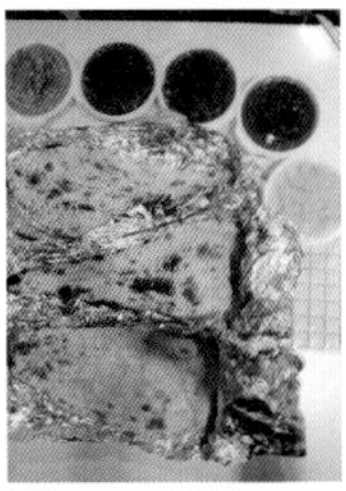
還是咖哩

冰淇淋

藤太郎的甜點

狹山茶很好喝

豬排度也很高

在觀覽席很開心

青學的校園午餐

手藝的拍攝

小孩子也很喜歡

拍攝的午餐

美麗的燈光設計

代替麵包

寺院的便當

三明治

瑪格麗特披薩

咖啡店的午餐

餐後的甜點1、2

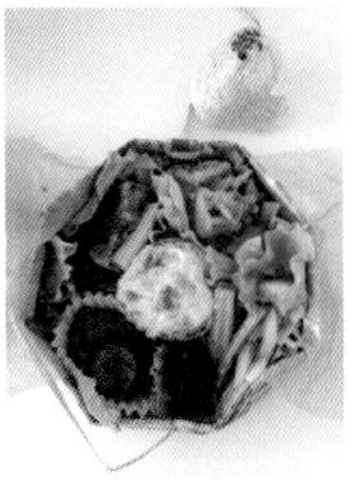
令人感動的素食便當

西荻的天空

華麗的葡萄

拍攝的午餐

美麗的排列

日日・人事物⑰

森林市集的溫暖療癒

文・攝影—施穎瑩

難得的週末，平常上班族一定還賴在被窩裡，睡到自然醒。

今天，相約幾位好友，一起穿上美麗的小洋裝，她們分別是台大兒童心理治療師、出版社編輯、生活風格店文化長、餐廳店長，遠從台北，清晨五點，在灰濛濛地晨霧中驅車前往南投顏氏牧場，參加一年一度的松鼠市集。光是聽到在森林裡逛市集，足以讓工作繁忙的這幾個人，前一天就開始興奮準備野餐裝備。

一年一度的松鼠市集，每年必選在山區郊外，成為台灣最具特色的森林市集，在大片針葉林下，感受微風、小鳥唱聲、暖陽照射，每一攤的主人，都是認真生活和做事的職人，雖然曾經有人試過塞在半路、到了市集買不到東西，但是當你身處在一大片森林裡，看這花一年時間準備的16個攤位，每一攤佈置都極有樸質手感，無需華麗現代裝潢，散落在各個角落的陽光和大樹，溫暖了每個人的心。

一入門的手沖咖啡，不疾不徐地將客人點的單品莊園豆，從磨豆子、測水溫、繞

許多人來參與這場森林中的美好時光。

著圈圈注水，手沖咖啡離開了室內，飄散出來的是一股鮮明的山林味。

用森林撿拾果實、乾燥花材圍繞出來的花圈，掛在舊時米苔目篩架上，襯托出植物的美。還有直接在樹幹上掛起白色布蔓，原木桌上擺放著盛開的玫瑰、桔梗、尤加利葉花束。也有將多肉植物放在鐵劏上的設計，開放式花園概念，讓人忍不住想捧回家去。

當森林裡的巨型木鐘，指向十一點鐘，所有人都朝著準備就緒的攤位前。陸續湧入的人潮，搶購松鼠限定手揑陶、手編花圈、手作服、手織帽、手縫兔子、手戳羊毛氈，即使定價不便宜，但是在視覺和觸覺上，會給人一種愉悅，感受到製作者仔細的生活態度。

當我逛到其中一攤手作服，簡單利落的剪裁，攤主是位年輕女孩，一年只為松鼠市集作一次的衣服，穿上自己設計的亮眼橘色連身裙，硬挺的布料，透過她的雙手，轉化為一件件溫暖的衣服，掛在樹枝做的衣架上，每件都充滿魅力。

我們的豐盛野餐。

十一點半，陽光照得人眼睛瞇起來，我卻能坐在樹下，沐浴在自然光下，完全開放的和好友一起享受著豐盛的早午餐。我們各自打開準備好的籐籃，拿出法式辣肉醬南瓜鹹派、青蘋果派、核桃土司、香草鳳梨果醬、罐裝沙拉、冰滴咖啡、法國白酒、高腳酒杯，野餐墊一鋪，戴上草帽，森林系女孩大家舉杯。

森林市集的魅力在於和大自然結合，腳踏青草、頭頂針葉林，買到手工餅乾、蛋糕、咖啡後，馬上就可以席地而坐，享用這些手工職人的美味，而不是只有純粹的購買離開。排隊入場的民眾，野餐旁的新朋友，大家一起聊聊天，分享沿途趣事，看看別人準備的餐點和佈置。

喜歡手作者，都喜歡擺或逛市集。

因為可以直接面對同好，聊手作過程的苦樂，也能更清楚傳達自己的創作理念。一向愛烘焙的我，從去年移居花蓮開始，也加入了這個行列。

剛開始，只是在朋友家外面擺攤，將平常最喜歡吃的野生葡萄酵母土司、花生辣

各式各樣的攤位上都圍著許多同好。

賞心悅目的手作衣服。

山林中的手沖咖啡。

很有聖誕節的氣氛。

醬、印度香料奶茶、水果磅蛋糕、辣椒餅乾，端出去與附近鄰友分享，回到台北之後，遊走多個有機市集，越來越享受擺攤的樂趣。參加過松鼠後，覺得很多在市集裡都不一定是專業賣東西 的人，這群人在做對的事，不一定容易被了解，他們想要擁有適合自己的位置，想要聽見被肯定的聲音。

而對於逛市集的人來說，一天交通時間來回花上5小時以上，就只是為了一場市集，但當你感受過森林美好的氛圍，也會感受到森林療癒的強大威力，是值得的一天。

用台灣食材做美味料理④

料理作家王安琪的美麗杯裝點心

暢銷料理作家王安琪，以「杯裝點心」為主題，利用家中可愛的的杯子、罐子為容器，製作簡單的個人份的點心。除了在家享用，外型討喜可愛，攜帶方便的杯裝甜點，也很適合作為拜訪朋友的最佳伴手禮。

■材料（10杯份）

布丁蛋液 材料約：1050毫升

A
- 全蛋——6個（300～330公克）
- 蛋黃——3個（55公克）
- 細糖——90公克

B
- 無糖動物鮮奶油——180毫升
- 鮮奶——420毫升
- 香草莢——½支（切半刮出籽）

焦糖材料
- 細糖——200公克
- 水——2大匙

■做法

預備

①烤箱預熱至攝氏150度。

②模型放在有深度的烤盤容器中，容器內加入2公分深度的水。

布丁

①布丁蛋液材料A放入調理盆中拌勻。

②布丁蛋液材料B放入鍋中，以小火加熱直到沸騰，關火。徐徐倒入蛋液中拌勻，再透過細目濾網過濾蛋奶汁，取出香草莢。

③細糖、水混合在平底鍋中，中火煮至焦糖狀，倒入準備好的杯中。

④蛋奶汁倒入裝有焦糖的杯子裡，把表面的氣泡消除，即可入烤箱蒸烤45分鐘。

脆頂櫻桃奶酪

■材料（10杯份）

奶酪　材料約：1140毫升

鮮奶——500毫升
無糖動物鮮奶油——500毫升
細糖——100公克
白蘭地——25毫升
吉利丁——15公克（約6片）

櫻桃果醬材料

櫻桃——300公克（新鮮或冷凍均可也可改成其他種類的水果）
細糖——150公克
白蘭地——50毫升
檸檬汁——1大匙（視情況添加）

酥脆麥片材料

低筋麵粉——200公克（冷藏備用）
糖粉——75公克（冷藏備用）
高纖水果燕麥片——120公克
無鹽奶油——180公克（切小塊冷凍備用）
蛋液——35公克（視情況調整用量）

■做法

預備

①事先將奶酪杯洗淨、瀝乾，放入冰箱冷藏。

奶酪

①鮮奶、鮮奶油和細糖放入鍋中以小火加熱，攪拌直到細糖融化，關火，加入白蘭地。
②吉利丁片浸泡冰水軟化，取出擰乾水分，加入溫熱的奶液中，攪拌使之融化。
③把奶酪倒入準備好的杯子裡（約半杯即可），移入冰箱冷藏，約6～8個小時後即可凝固成型。

櫻桃果醬

①櫻桃、細糖放入鍋中以小火煮至沸騰出水，再續煮直到收汁且產生黏性。
②加入白蘭地、檸檬汁，再煮1分鐘後關火。
③隔水降溫後放入冰箱冷藏。

酥脆麥片

①麵粉、糖粉混合過篩在調理容器內，撒上麥片混合均勻，加入奶油後用手指頭快速搓揉成碎屑狀，如果材料太乾，則加入蛋液調整。
②把材料平鋪在烤紙上，放入烤箱烘烤約20分鐘。烤好後取出等待降溫，再剝成碎片狀。
③隔水降溫後放入冰箱冷藏。

組合

①取出冷藏凝固的奶酪，舀入一大匙櫻桃醬，上面舀入一大匙酥脆麥片，即可。

34號的生活隨筆⑯

因為抹香鯨的逝去而想起

圖・文—34號

上月中一則令人心酸的新聞：在嘉義近海擱淺一尾長達15公尺的抹香鯨，幾天後失去了生命，研究人員解剖後發現牠胃裡的塑膠袋、漁網……等人類的廢棄物，竟足足有一個怪手車斗般大小那麼多，一想到抹香鯨肚子裡塞滿塑膠垃圾而無法正常進食，更堅定了我的決心；要繼續努力盡可能將生活裡的塑膠用品減少到最低程度。

塑膠製品質輕方便，可是埋在土裡、沉到海裡都千年不壞，更不要說誤食的鳥獸魚類有辦法消化。要做到無塑生活比較不可能，但是低塑生活其實每個人都能夠做到的。例如說「唰！」就撕下一張的保鮮膜，用來暫時保存食物真是再方便不過了，可是一想到就像這樣一張張薄薄的用完即丟，最後很可能就是到了下一隻抹香鯨肚子裡，而現在市面上販售可清洗重複使用的矽膠保鮮膜，會是個不錯的替代品，不再用了就丟，日積月累可以減少可觀的垃圾量。出門隨時帶著購物袋，也能省下好多塑膠袋的使用。買水果時，一些較脆弱的水果外頭都會包上一層緩衝材，不要吃了水果就隨手將緩衝材扔了，收集起一定的分量送回給水果攤再利用，一個家庭幾個月也能收集一大包，為地球減少一大包的緩衝材垃圾呢！隨身帶著環保筷，不只為了不吃到免洗竹筷的漂白劑，也減少了竹筷包裝塑膠袋的垃圾，倘若一天外食一餐，300天就製造了300份免洗筷包裝垃圾，雖然一天只有一點點，但切莫勿以善小而不為。外帶一碗麵，至少會產生出免洗紙容器、塑膠蓋子、免洗竹筷、竹筷包裝，以及塑膠提袋，五項丟棄物，那麼就自備不銹鋼提鍋，或琺瑯保鮮盒去裝吧！

不用塑膠，我們還有陶瓷、玻璃、木製品以及金屬，餐桌上擺著陶瓷餐盤、木作容器、質樸的木製湯匙、通透的玻璃杯，是要比美耐皿、色彩鮮豔的塑膠餐具看來有品味得多吧，購買生活用品時多想幾秒，是否可以有非塑膠的選擇：玻璃瓶而非塑膠瓶（玻璃瓶還能回收再利用喔）、金屬把手而非塑膠把手的廚房用具、紙袋而非塑膠袋……等。寫到這裡，心血來潮的翻了翻手邊每一期《日々》，果然如我所想，每一本都幾乎沒有出現塑膠製品的蹤影，低塑生活也非常的日日精神呢！

Macaroni cafe & bakery 正式來台

小器跨入輕食烘焙領域，攜手日本人氣器皿品牌studio m'
引進macaroni cafe & bakery打造最溫暖的用餐經驗！

マカロニ
macaroni
cafe & bakery

台北市羅斯福路三段283巷7弄12號
02-23670057
facebook macaronitaipei

日々・日文版 no.26

編輯・發行人——高橋良枝
設計——渡部浩美
發行所——株式會社Atelier Vie
http：//www.iihibi.com/
E-mail：info@iihibi.com
發行日——no.26：2011年12月1日
插畫——田所真理子

日文版後記

我自稱為「晴天女」，因為從《日々》創刊七年以來，完全沒有在採訪日和拍攝日受到下雨影響的記憶。不過這一期卻受到暴風和大雨的襲擊，前往三浦半島拍攝飛田和緒的料理的那一天，颱風撲向東京。然後前往採訪富澤恭子，也是只有那天下大雨。

雖然想要拍柿染後的布掛在庭院裡曬乾的照片，卻沒能拍得到。「晴天女」的效力似乎隨著年齡逐漸降低了。

不過位於葉山的「"krama" knyong」的工作室與信濃的小嶋亞創一家的採訪，卻是難得的好天氣。小嶋一家生活的聚落離鎮上有低段距離，離小學將近兩公里、離中學則是將近四公里的路程。「因為去上學的是孩子，跟我沒關係」小嶋一副事不關己的樣子笑著說。圍繞著寬廣天空與濃綠群山的自然生活，應該可以教出有著人類豐富感性的孩子，我對如此的悠閒自在深受感動。（高橋）

日日・中文版 no.21

主編——王筱玲
大藝出版主編——賴譽夫
設計・排版——黃淑華
發行人——江明玉
發行所——大鴻藝術股份有限公司｜大藝出版事業部
台北市103大同區鄭州路87號11樓之2
電話：（02）2559-0510　傳真：（02）2559-0508
E-mail：service@abigart.com
總經銷：高寶書版集團
台北市114內湖區洲子街88號3F
電話：（02）2799-2788　傳真：（02）2799-0909
印刷：韋懋實業有限公司

發行日——2015年12月初版一刷
ISBN 978-986-92325-2-4

日日 / 日日編輯部編著. -- 初版. -- 臺北市：
大鴻藝術, 2015.12　48面；19×26公分
ISBN 978-986-92325-2-4（第21冊：平裝）
1.商品 2.臺灣 3.日本
496.1　　104005077

中文版後記

11月陪著來自日本的友人走進了台灣中部與東部的山林。從海平面的七星潭，走進太魯閣國家公園，再沿著台灣最高的公路繞進中部，爬上了一小段山坡後，我們站在海拔3217公尺的標高處，看著四周圍繞的群山，而遠方的奇萊山頭如傳說中神祕，一直被雲霧遮蔽。離開城市之後，許多理所當然的事情都不再理所當然。空氣很稀薄，但也很乾淨，沒有招牌看板也沒有五光十色的影音，城市生活一段時間後，是值得放下一切，走進自然裡，重新感受人與自然的關係。

這一期海倫也衝到了南投的山裡，在森林的松鼠市集裡，愉快地野餐。當我們看見自然的美，必然就會想要更珍惜它，34號也不約而同寫了一篇讓人深思反省的專欄文章，請與我們一起讓地球的日日更美好。（王筱玲）

大藝出版Facebook粉絲頁http：//www.facebook.com/abigartpress
日日Facebook粉絲頁 https：//www.facebook.com/hibi2012